Sitzungsberichte
der Heidelberger Akademie der Wissenschaften
Mathematisch-naturwissenschaftliche Klasse
Jahrgang 1929. 3. Abhandlung.

Zur Kenntnis der chemischen Reaktionen des Eisencarbonyls

(4. Mitteilung über Metallcarbonyle)

Von

W. Hieber
in Heidelberg

Eingegangen am 11. Februar 1929

Berlin und Leipzig 1929

Walter de Gruyter & Co.

vormal G. J. Göschen'sche Verlagshandlung / J. Guttentag, Verlagsbuchhandlung / Georg Reimer / Karl J. Trübner / Veit & Comp.

Zur Kenntnis der chemischen Reaktionen des Eisencarbonyls.

(4. Mitteilung über Metallcarbonyle.)[1])

Komplexe Metallsalz-Verbindungen mit Pyridin oder Aethylendiamin als Neutralkomponenten sind durch erhebliche Beständigkeit ausgezeichnet, wie besonders deutlich energetisch in den relativ großen Bildungswärmen solcher Komplexe aus ihren Komponenten zum Ausdruck kommt.[2]) Die Stabilisierung ist einerseits in der ausgeprägten „spezifischen Affinität" des Pyridin-Stickstoffs gegenüber Metallsalzen begründet, andererseits — beim Aethylendiamin — rein sterisch durch das Zustandekommen eines fünfgliedrigen Nebenvalenzrings verursacht. Die sinngemäße Übertragung dieses Stabilisierungsprinzips auf die Chemie der Metallcarbonyle läßt es als möglich erscheinen, das Kohlenoxyd durch andere Moleküle, in erster Linie die genannten Amine, zu substituieren, und so zu neuartigen Derivaten von Metallcarbonylen zu gelangen, d. h. zu „reinen Koordinations-Verbindungen" (ohne salzartige Bindung des Metallatoms). deren Existenz und chemisches Verhalten in vielfacher Hinsicht von Interesse ist. Durch die freundliche Überlassung einer größeren Menge Eisenpentacarbonyls seitens der J.-G. Farbenindustrie Akt.-Ges., Werk Ludwigshafen, sind wir in die Lage versetzt, die Untersuchung unter diesen Gesichtspunkten durchzuführen.

Die verhältnismäßig lebhafte Kohlenoxyd-Entwicklung unter intensiver Rotfärbung, die bei der Einwirkung von Pyridin auf Eisenpentacarbonyl[3]) besonders in der Wärme auftritt, ist so bereits als eine durch Pyridin verursachte Substitutionsreaktion zu deuten, die den Abbau des Carbonyls hervorruft. Besonders charakteristisch ist es, daß die so entstehenden CO-ärmeren Derivate des Eisencarbonyls wieder CO zu binden vermögen, so daß in dem System Pyridin-Eisencarbonyl ein bewegliches Kohlenoxyd-Gleichgewicht vorliegt:

$$Fe(CO)_5 + x\,Pyr \rightleftharpoons Fe(CO)_{5-x}\,Pyr_x + x\,CO\,(x < 5).$$

---

[1]) 3. Mitteilung: Berichte 61, 2421 (1928) (mit F. SONNEKALB).

[2]) Auf Grund von Messungen von F. MÜHLBAUER.

[3]) Ber. loc. cit. und 61, 558 (1928).

Noch energischer gegenüber Eisencarbonyl, bezüglich der CO-Entbindung verhält sich, wie besondere Versuche zeigten [1]), wasserfreies Hydrazin. Andere Amine jedoch, wie auch das Aethylendiamin [2]) selber, vermögen das CO im Pentacarbonyl in direkter Reaktion nicht mehr zu substituieren; vielmehr bilden sie mit dem Carbonyl lediglich Anlagerungs-Verbindungen, wie z. B. $Fe(CO)_5, C_2H_4(NH_2)_2$ oder $Fe(CO)_5, NH_3$. Der Eintritt solcher Amine (bzw. des Ammoniaks) an Stelle von CO ist geradezu von der Anwesenheit des Pyridins abhängig, das das Carbonyl gewissermaßen erst aufschließt, als „Pionier" für den Eintritt anderer Amine fungiert. Häufig findet hierbei zugleich ein Abbau des Pentacarbonyls statt, d. h. es tritt nicht an Stelle eines jeden CO-Moleküls eine Amin-Stickstoff-Valenz in Erscheinung. Nach diesem Prinzip wurde das Di-eisen-diäthylendiamin-pentacarbonyl [1]) erhalten, das ein Derivat des Di-eisen-nonacarbonyls darstellt, bzw. als Additionsverbindung von Eisenpentacarbonyl mit Eisen-diäthylendiamin betrachtet werden kann:

$$\begin{array}{l} \qquad\quad OC\cdot \quad \cdot CO\cdot \quad \cdot CO \\ H_2C-H_2N\cdot Fe\cdot CO\cdot Fe\cdot NH_2-CH_2 \\ \ \ | \qquad\qquad\qquad\qquad\qquad\quad | \\ H_2C-H_2N\cdot \quad \cdot CO\cdot \quad \cdot NH_2-CH_2 \end{array};\quad Fe(CO)_5, Fe\left(\begin{array}{l}\cdot NH_2-CH_2 \\ \qquad\qquad | \\ \cdot NH_2-CH_2\end{array}\right)_2.$$

In ihrer sinngemäß verallgemeinerten Anwendung führt die Methode zur Isolierung weiterer Verbindungen dieses Typs, wie z. B. dem Tricarbonyl-diamin--Eisen, $Fe(CO)_3(NH_3)_2$, und anderen Substanzen, in denen die CO-Moleküle des Pentacarbonyls — bisher teilweise — durch primäre Amine, Pyridin, o-Phenanthrolin, Anile usw. ersetzt sind.

Besondere Beachtung verdient zunächst die Säure-Zersetzung dieser amin-haltigen Eisencarbonyle. Die hierbei auftretenden Erscheinungen charakterisieren durch die gleichzeitige Entstehung von Wasserstoff, Kohlenoxyd und Eisen(II)-salz diese Substanzen förmlich als reine Koordinations-Verbindungen:

$$Fe(CO)_5, Fe\,en_2 + 6\,HX \rightleftharpoons Fe\,X_2 + \underset{\displaystyle Fe(CO)_4 + CO \text{ (teilweise).}}{\underset{\downarrow}{Fe(CO)_5}} + 2\,en(HX)_2 + H_2$$

Die quantitative Untersuchung, in erster Linie am Di-eisen-diäthylendiamin-pentacarbonyl, ergab aber, daß die Wasserstoffmenge, die auftritt, oft nur $^2/_3$ der zum gebildeten Ferrosalz zu erwartenden äquivalenten Menge beträgt; zugleich ist auch die auftretende Menge CO (verglichen mit der des Tetracarbonyls) auffallend gering. Dieses

---

[1]) Ber. loc. cit. und 61, 558 (1928).

[2]) Ber. 61, 2421 (1928).

Nichtauftreten eines großen Teils des Wasserstoffs ist nur durch die gleichzeitige Entstehung von Reduktionsprodukten zu erklären, deren Nachweis daher von Wichtigkeit ist. Solche Produkte aliphatischer Natur, entstanden aus CO und H_2, konnten jedoch nicht festgestellt werden. Erst besondere Versuche, bei denen die Metallcarbonyle als solche unter Bildung von (CO-freien) Metallsalzen zersetzt werden, ergaben, daß tatsächlich eine Reaktion zwischen dem hierbei an sich zu erwartenden Wasserstoff und Kohlenoxyd stattfindet.

Organische Verbindungen, die wie 1,3-Diketone oder Oxime zur Bildung stabiler, innerkomplexer Eisensalze führen, waren zur Prüfung dieser Frage geeignet (Stabilisierung durch Ringbildung! vgl. o.), während die gewöhnlichen verdünnten Mineralsäuren auf Eisenpentacarbonyl, im Gegensatz zu den aminhaltigen Carbonylen, nicht merklich einwirken. So führt die Reaktion von 3 Mol. Acetylaceton mit 1 Mol. Pentacarbonyl zur Bildung des bekannten Ferri-Acetylacetonats, ohne daß auch nur eine Spur von Wasserstoff auftritt; selbst die sehr geringe Menge CO, die hierbei noch frei wird, ist noch etwas kleiner, als beim blinden Versuch aus dem Carbonyl unter gleichen Bedingungen entbunden wird.

Die Ausscheidung von Ferriacetylacetonat aus dem Acetylaceton-Carbonyl-Gemisch kommt sehr bald zum Stillstand; es bildet sich das Enolsalz nur bis zu einem Betrag von ca. 40% d. Th. Vervollständigt wird seine Bildung erst beim Versetzen mit einer organischen oder anorganischen Base, oder bei Zusatz von neuem Acetylaceton nach jeweiligem Abfiltrieren des bereits auskristallisierten Enolsalzes. Dies spricht für die gleichzeitige Bildung einer „Säure“, die durch die Reaktion des CO mit H_2 entstanden ist, und es stellt sich ein Gleichgewicht ein:

$$Fe(CO)_5 + 3\,CH_3\cdot CO\cdot CH\colon C(OH)\cdot CH_3 \rightleftharpoons Fe(CH_3\cdot CO\cdot CH\colon C(O)CH_3)_3 + \underbrace{5\,CO + 1{,}5\,H_2}_{\text{(Säurebildung und Polymerisation)}}$$

Wiederholt erneuter Zusatz des Diketons bewirkt so schließlich die völlige Umsetzung des vorhandenen Carbonyls. Aus den zuletzt durch Verunreinigungen fast schwarzen Kristallisationen, die vermutlich z. T. auch aus CO-haltigem Eisen-Enolsalz[1]) bestehen, erhält man nach weiterer Aufarbeitung – z. B. Abscheidung des Eisens mit alkohol. Kalilauge und Eindunsten der eisenfreien, mit Salzsäure angesäuerten,

[1]) Ferner bilden sich in geringer Menge farblose, tafelförmige Kristalle der Zusammensetzung $C_6H_8O_3$, die bei 115° schmelzen und stark reduzierende Eigenschaften besitzen. Ihre Identifizierung steht noch aus.

tief dunkelbraunen Lösungen usw. — amorphe gelbe bis tief braunrote, hygroskopische Produkte, die stark reduzierende Eigenschaften besitzen. Die Isolierung einheitlicher Substanzen gelang bisher nicht; dagegen wurde durch besondere Parallel-Versuche festgestellt, daß ganz auffallend ähnliche Produkte unter gleichen Bedingungen aus Trichinoyl, rhodizonsaurem Kalium u. a. hydroxylierten Polychinonen (so bei der Darstellung der Krokonsäure) entstehen.

Die Reaktion des nascierenden Wasserstoffs mit Kohlenoxyd wäre darnach derjenigen des Kaliums mit CO, die bekanntlich zum Kohlenoxydkalium führt, an die Seite zu stellen. In beiden Fällen ist vielleicht intermediär die Entstehung des Radikals $\geqq C\text{-}OH(K)$ anzunehmen, das sich über die Bildung eines hydroxylierten Acetylenderivats bzw. Glyoxal hinweg spontan zu den cyklischen Verbindungen polymerisiert.[1])

Die Bildung des komplexen Enolsalzes mit drei-wertigem Eisen bei der genannten Reaktion erfolgt auch unter Ausschluß des Luft-Sauerstoffs; ebenso entsteht es aus Ferro-acetat oder Di- (und Tetra-) Pyridin-Ferrochlorid u. a. mit Acetylaceton, und zwar auch hier ohne Entwicklung von Wasserstoff, der jedenfalls sofort zur Reduktion eines Teils des Diketons verbraucht wird. Ein Eisen(II)-Acetylacetonat scheint hiernach überhaupt nicht zu existieren. — Aus Pentacarbonyl und Dimethylglyoxim erhält man ganz analog, ohne H_2- und CO-Entwicklung, das bekannte innerkomplexe Eisen(II)-Dimethyglyoxim-Salz mit 2 Mol. Pyridin.

Auch die Carbonyle des Kobalts und Nickels geben mit Nitroso-β-Naphthol bzw. Dimethylglyoxim ohne Wasserstoff-Entwicklung die betr. inneren Komplexsalze. Bei der Aufarbeitung sind dieselben amorphen Produkte nachweisbar wie bei der Reaktion des Fe $(CO)_5$ mit Acetylaceton.

Das Nichtauftreten von Wasserstoff bei der von K. KUNZ und A. J. KRESS[2]) untersuchten Reaktion des Eisencarbonyls mit Indigo in Pyridin-Lösung kann somit nicht als Stütze für die rein koordinative Struktur der erhaltenen Eisen-Indigo-Verbindung gelten, wie die genannten Autoren annehmen; vielmehr wird der Wasserstoff während der Reaktion verbraucht, z. B. zur Reduktion eines Teils des Indigo. Faktisch liegt auch hier, wie insbesondere die Säurezersetzung der Eisen-Indigo-Verbindung[3]) zeigt, ein Innerkomplexsalz vor, und diese

---

[1]) Vgl. P. KARRER, Lehrbuch der organ. Chemie 1928, S. 430, 639. (Verfahren von HOMOLKA).

[2]) Ber. 60, 367 (1927).

[3]) loc. cit. S. 561. — Die andern sehr interessanten Ergebnisse der Arbeit von K. KUNZ und A. J. KRESS werden hiervon nicht berührt.

Reaktion unterscheidet sich damit prinzipiell von der beschriebenen Einwirkung von Aminen auf Eisencarbonyl; denn es handelt sich hierbei nicht um einen Weg zur Darstellung rein koordinativer Eisen-Verbindungen.

Von dem weiteren Verhalten der aminhaltigen Eisencarbonyle ist ihre Sauerstoff-Empfindlichkeit von großer Wichtigkeit. Viele sind höchst pyrophor und verbrennen an der Luft unter Bildung von Eisenoxyd, das dann pseudomorph nach der ursprünglichen Verbindung ist. Auch Spuren Wasser zersetzen die Substanzen bereits unter Oxydation des Eisens und Bildung von H_2 und Kohlendioxyd. Die Monohydrate des Hydrazins und Aethylendiamins geben mit Eisencarbonyl überhaupt nicht die genannten aminhaltigen Derivate mit rein koordinativ gebundenem Eisen, sondern es entsteht neben Eisen(II)-salzen und Wasserstoff Semicarbazid bzw. die N-(β-Amino-äthyl-)carbamidsäure. Die Isolierung der aminhaltigen Eisencarbonyle ist somit nur unter peinlichstem Ausschluß des Luft-Sauerstoffs und der Feuchtigkeit möglich.[1]) — Die Versuche an dem sehr sauerstoff-empfindlichen System Eisencarbonyl-Pyridin müssen erst noch näher zeigen, inwieweit die bisherigen Ergebnisse, nach denen die Reaktions-Lösung Sauerstoff zunächst nur in lockerer Form (nach Art eines beweglichen Gleichgewichts wie beim CO, s. o.) aufnimmt und wieder abgibt, sich bestätigen, und ob es durch die Pyridin-Stabilisierung ermöglicht wird, die primär entstehenden Peroxyde zu fassen.

Es wurden schließlich Untersuchungen angestellt, die sich mit der Halogen-entziehenden Wirkung der Metallcarbonyle, besonders derjenigen des Eisens, befassen, wie sie bereits im Verhalten des Eisenpentacarbonyls gegenüber halogenhaltigen organischen Mitteln wie Chloroform, Tetrachlorkohlenstoff[2]) u. a. zum Ausdruck kommt. Metallhalogenide, wie diejenigen des 2-wertigen Kupfers, des 3-wertigen Eisens, ferner Zinn(IV)-halogenide etc. geben mit Eisenpentacarbonyl (nach gewöhnlich vorausgehender Reduktion des Halogenids) häufig zunächst Anlagerungsprodukte, die dann meist spontan unter Abgabe des CO gänzlich zerfallen, aber mitunter auch zu definierten, CO-ärmeren, ja mitunter halogenfreien Verbindungen mit beiden Metallen im Molekül umgewandelt werden.[3]) Besondere Beachtung ver-

[1]) Vgl. Ber. 62, 422 (1929).

[2]) A. Mittasch, Ztschr. angew. Chem. 41, 829 (1928).

[3]) Vgl. hierzu die interessanten Arbeiten von H. Hock und H. Stuhlmann, betr. die Reaktion mit Quecksilber (II)-chlorid, Ber. 61, 2097 (1928); 62, 431 (1929). — Unsere diesbezüglichen Untersuchungen wurden nach dem Erscheinen der Arbeiten von H. Hock eingestellt.

dient die Reaktion der Halogene selber mit den Carbonylen des Eisens.[1]) Mit Eisenpentacarbonyl entstehen hierbei die Tetracarbonyl-Eisen (II)-halogenide, d. h. Derivate des Pentacarbonyls, in denen 1 Mol. *CO* durch 1 Mol. Halogen vertreten ist: $Fe(CO)_4 X_2$ $(X = Cl, Br, J)$. Bei genügend tiefen Temperaturen erhält man zunächst sogar die betr. Anlagerungsprodukte von 1 Mol. Pentacarbonyl und 1 Mol. Halogen[2]), die bei Temperaturerhöhung unter Abgabe von 1 Mol. *CO* in die Tetracarbonyl-Verbindungen übergehen: $Fe(CO)_5, X_2 = Fe(CO)_4 X_2 + CO$. Dieser Zerfall tritt am leichtesten beim Chlorid ein; bei Atmosphärendruck bereits oberhalb -35^0, beim Bromid oberhalb -10^0, beim Pentacarbonyljodid erst von ca $\pm 0^0$ an. In ähnlicher Weise abgestuft ist die Zersetzung der Tetracarbonylhalogenide in ihre Komponenten, Eisen (II)-halogenid und 4 Mol. *CO*; sie erfolgt in der Reihe Chlorid → Bromid → Jodid (bei 750 mm) je oberhalb $+10^0$, $+55^0$ und $+75^0$. Die Stabilität der Verbindungen nimmt allgemein, und im Gegensatz zu analog gebauten Ammoniakaten, in dieser Reihenfolge zu (vergl. loc. cit.); auch die Bildungswärmen der Verbindungen aus ihren Komponenten, FeX_2 und 4 *CO*, sind in dieser Weise abgestuft. Sie sind exotherm; kalorimetrische Messungen ergaben z. B. für das Bromid 26,0 Kal. / Mol. Die Absorptionsspektren der Eisessig-Lösungen der Tetracarbonyl-Halogenide unterscheiden sich in interessanter Weise von dem des Eisenpentacarbonyls: bei diesem beginnt die *CO*-Absorptionsbande bereits im äußeren sichtbaren Violett; bei den Tetracarbonylhalogeniden ist dieselbe wesentlich ins Ultraviolette verschoben, am wenigsten noch beim Jodid, während gleichzeitig als Folge der direkten Eisen-Halogen-Bindung (besonders beim Jodid) bereits merkliche Absorption im Sichtbaren auftritt.

Die kombinierte Reaktion des Eisencarbonyls mit Halogenen und Aminen führt zu Verbindungen mit weniger als 4 Mol. *CO*. So entstehen bei der Einwirkung von Pyridin auf das Tetracarbonyl-Ferrojodid das tiefgrüne Dicarbonyl-dipyridin-Ferrojodid, $Fe(CO)_2 Pyr_2 J_2$, und hieraus unter dem Einfluß des Lichts das braune Monocarbonyl-dipyridin-jodid, $Fe(CO) Pyr_2 J_2$. Ähnliche Substanzen mit 1—4 Mol. *CO* erhält man mit anderen Aminen.

Die Reaktion des Eisen-nona- oder -tetracarbonyls mit Brom führt u. a. zu dem bimolekular konstituierten Carbonylbromid mit $3\frac{1}{2}$ Mol. *CO* auf 1 Atom *Fe*: $Fe_2(CO)_7 Br_4$, d. h. einem Derivat des Eisennonacarbonyls, in dem an jedem Eisenatom 1 Mol. *CO* durch

---

[1]) W. Hieber und G. Bader, Ber. 61, 1717 (1928).

[2]) A. Mittasch, Ztschr. angew. Chem. 41, 829 (1928).

1 Mol. Brom ersetzt ist. Besonders beständige *CO*-Verbindungen entstehen ferner bei der Reaktion des Eisenpentacarbonyls mit Dicyan.

Diese Versuche zeigen, daß offenbar eine große Ähnlichkeit besteht zwischen den Eisencarbonylen und ihren Derivaten einerseits und den Halogen-Verbindungen des zweiwertigen Molybdäns, wie dem Molybdänchlorür[1]), oder — noch auffallender — den *CO*-Verbindungen des zweiwertigen Platins. Vom Eisen wie vom Platin leiten sich streng gesetzmäßig aufgebaute Komplexe ab, in denen das Kohlenoxyd (rein koordinativ) gewissermaßen die Rolle eines (Pseudo-) Halogens spielt, und das Metallatom gleichzeitig gegen andere Neutralteile, Amine, Phosphor (III)-halogenide, Thioäther u. a. abgesättigt ist.

Die Arbeiten werden wesentlich gefördert durch die dankenswerte Unterstützung der Notgemeinschaft der Deutschen Wissenschaft und der Gesellschaft der Freunde der Universität Heidelberg. Ferner sei der J.-G. Farbenindustrie Akt.-Ges. besonders gedankt für die freundliche Überlassung größerer Mengen Ausgangsmaterial. — An der experimentellen Durchführung der Arbeiten sind wesentlich beteiligt die Herren Dr. F. Sonnekalb, Dr. H. Raudenbusch, sowie die Herren cand. chem. F. Mühlbauer, G. Bader und E. Becker.

[1]) H. Freundlich und W. Malchow, Ztschr. anorgan. Chem. **141**, 321 (1924).